**Grandes Personnalités** | numéro 41

# ALBERT EINSTEIN
## ET LA THÉORIE DE LA RELATIVITÉ

— L'histoire d'un génie
profondément humain

par Julie Lorang

50MINUTES

# ALBERT EINSTEIN

- **Naissance ?** Le 14 mars 1879 à Ulm (Allemagne).
- **Mort ?** Le 18 avril 1955 à Princeton (États-Unis).
- **Découvertes notoires ?** Les théories de la relativité restreinte (1905) et générale (1915) avec la formule $E = mc^2$.
- **Répercussions des découvertes réalisées ?**
  - Einstein a bouleversé notre conception des notions d'espace et de temps (en introduisant l'idée de trous noirs, de quatrième dimension, etc.) ;
  - il a participé au développement de la fission nucléaire et a informé le président américain Franklin Roosevelt de la possibilité de créer une bombe atomique ;
  - il a révolutionné la physique en ouvrant de nouveaux champs d'études, la physique nucléaire et la physique des particules élémentaires.

Albert Einstein… Aujourd'hui encore, ce nom est connu de tous et dépasse largement la sphère de la physique : il est devenu le symbole du génie par excellence, mais aussi du savant décalé et plein d'humour. Comment expliquer que ce scientifique successivement allemand, suisse, puis américain, qui nous a laissé sa célébrissime formule $E = mc^2$, soit devenu l'une des figures historiques les plus importantes du XX$^e$ siècle ? Pour saisir la fabuleuse personnalité d'Albert Einstein, il faut se replonger dans ce siècle tourmenté et comprendre comment ses idées scientifiques et politiques, particulièrement modernes, ont bouleversé les mentalités et notre conception du monde.

Brillant scientifique, Albert Einstein envoie voler en éclats les modèles traditionnels légués par les plus grandes figures de la physique, depuis Aristote (384-322 av. J.-C.) jusqu'à Isaac Newton (1642-1727), en passant par Galilée (1564-1642). Ses théories de la relativité restreinte puis générale ont révolutionné les notions de l'espace et du temps, et ont jeté les bases de la physique moderne. Son travail sur la nature corpusculaire de la lumière est récompensé en 1921 par le prix Nobel de physique, un sujet jugé moins subversif que la théorie de la relativité qui faisait débat au moment de la remise du prix.

Toutefois, si Albert Einstein est devenu cette figure emblématique, c'est aussi en raison de son identité et de ses engagements politiques et philosophiques. Juif, Allemand, pacifiste, communiste ou encore sioniste, le physicien a connu les grands événements de l'Histoire du XX$^e$ siècle, et ses prises de position affirmées en font une figure particulièrement moderne.

# UNE BRÈVE HISTOIRE DE LA PHYSIQUE

À travers les siècles, les plus grands penseurs et hommes de sciences, à l'instar d'Einstein, ont tenté de percer les mystères de l'univers et ont proposé des réponses bien différentes aux plus grands phénomènes naturels.

## ARISTOTE ET LES SCIENCES DE LA NATURE

Aristote est l'un des plus grands et des plus célèbres intellectuels de la Grèce antique. Père des sciences de la nature (*physis* signifie « nature » en grec ; concept qui regroupe à l'époque la biologie et la physique), mais aussi de la métaphysique qui cherche les causes de l'existence de notre univers, il élabore des concepts basés sur le principe de logique et principalement du syllogisme, qui consiste en un raisonnement logique composé de deux propositions qui conduisent à une conclusion logique.

### UN EXEMPLE DE SYLLOGISME

Voici un exemple bien connu de syllogisme : tous les hommes sont mortels ; or Socrate est un homme ; Socrate est donc mortel. Pour que le syllogisme soit correct, il faut bien évidemment rester logique.

Selon Aristote, tous les êtres naturels, quels qu'ils soient, sont constitués des quatre premiers éléments (terre, air, eau, feu), alors que les corps lourds, comme les étoiles et les planètes, sont composés d'éther, une substance divine. Aristote énonce également le modèle géocentrique : il place la Terre, immobile, au centre de l'univers, stable et immuable avec des astres effectuant des mouvements circulaires parfaits. Ce modèle est repris par l'Église, car elle met l'homme au centre de l'univers et donc de la création divine.

Aristote considère également qu'il existe une séparation nette entre la Terre et le ciel, chacun possédant des comportements différents selon la nature des corps qui le composent : les corps lourds comme la terre et l'eau ont un mouvement naturel qui les mène vers le centre de la planète en fonction de leur masse, tandis que les corps légers comme le feu et l'air ont vocation à se diriger vers le ciel.

## GALILÉE ET L'HÉLIOCENTRISME

Galilée remet en cause certains concepts aristotéliciens et ouvre la voie à une physique plus scientifique. Il prouve en effet, grâce à l'observation de la nature et non plus à la simple logique, qu'Aristote se trompait en affirmant que les corps tombaient vers la surface de la Terre plus ou moins rapidement en fonction de leur masse. La légende raconte à ce propos que le scientifique aurait réuni les professeurs de l'université de Pise au pied de sa fameuse tour et qu'il aurait laissé tomber deux objets de masses différentes qui ont touché le sol au même instant ; sa théorie était ainsi confirmée.

Malgré l'importance de cette découverte, Galilée est surtout célèbre pour s'être érigé contre l'idée du géocentrisme d'Aristote, repris par l'Église catholique, au profit de l'héliocentrisme. Avec le développement de la lunette qui permet d'observer les astres de plus près, Galilée constate que la Voie lactée est constituée de nombreuses étoiles et que certaines planètes, comme Jupiter, sont au centre de mini-systèmes, une vérité qu'il énonce après avoir fait le parallèle entre les satellites qui tournent autour d'une planète et notre système solaire. Plus important encore, l'astronome italien observe que la Terre n'est pas au centre du système, mais qu'elle tourne autour de celui-ci... un choc pour les mentalités pétries de religion des Temps modernes !



## Un scientifique pourchassé par l'Église

Galilée a eu quelques différends avec l'Église en raison de sa théorie de l'héliocentrisme, qui place le soleil au centre de l'univers. L'Inquisition l'a également condamné à ne plus enseigner cette théorie, avant de le forcer à l'énoncer comme une simple hypothèse en parallèle du modèle aristotélicien. Galilée désobéit cependant et parvient à prouver le mouvement réalisé par la Terre. Risquant le bûcher, l'astronome n'a probablement pas prononcé les fameuses paroles « *Eppur si muove* » (« Et pourtant, elle tourne »), mais il est tout de même assigné à résidence. Le scientifique n'est officiellement réhabilité par l'Église qu'en 1992, sous le pontificat de Jean-Paul II (1920-2005).

## NEWTON ET LA GRAVITATION

Isaac Newton reste aujourd'hui encore l'un des plus grands scientifiques de l'Histoire, grâce à la découverte du principe de gravitation qui, selon la légende, lui serait apparu lors de la chute d'une pomme. Grâce au développement du calcul différentiel et intégral, requis pour corroborer sa théorie, Isaac Newton prouve qu'il existe une force de gravitation qui attire tous les corps proportionnellement à leur masse respective et inversement proportionnelle au carré de la distance qui les sépare. La chute des corps est ainsi due à une force et non à leur nature intrinsèque, comme le pensait Aristote, et cette force est bel et bien calculable sous la formule suivante :

$$F = G\ \frac{m1 \times m2}{d^2}$$

Cette loi exprime, en newtons, le fait que deux corps de masse m1 et m2 s'attirent avec une force F qui est proportionnelle au produit de leur masse et inversement proportionnelle au carré de la distance d qui les sépare. La lettre G symbolise quant à elle la constante de gravitation équivalant à $6,667 \times 10^{-11}$.

À partir de 1684, Isaac Newton utilise le principe de gravitation pour des questions d'astronomie et calcule la trajectoire elliptique – et non sphérique – des planètes autour de leur soleil. Dans son ouvrage *Principes mathématiques de la philosophie naturelle* (1687), il émet plusieurs lois fondamentales pour la suite du développement de la physique. Il y énonce entre autres le principe d'inertie, affirmant que l'état naturel d'un corps est le repos, et explique certains mouvements comme la réaction d'un corps à une force extérieure. La physique newtonienne est fondamentale, car elle permet d'expliquer des phénomènes encore mystérieux à l'époque, comme le mouvement des planètes et de leurs satellites, des marées, etc.

# LA VIE D'ALBERT EINSTEIN

Einstein photographié alors qu'il donnait un cours à Vienne en 1921.

# UN ÉTUDIANT REBELLE

Albert Einstein naît le 14 mars 1879 au sein d'une famille bourgeoise à Ulm, une petite ville de Bavière. Hermann Einstein (1847-1902), qui dirige une entreprise de vente d'équipement électrique, et Pauline Koch (1858-1920) sont tous deux d'origine juive, mais misent sur une éducation laïque afin que leur fils Albert et leur fille Maria (souvent surnommée Maja, 1881-1951) puissent grimper les échelons de la société allemande.

À l'école, celui qui sera bientôt considéré comme un génie ne se montre pas particulièrement précoce, et sa forte personnalité lui vaut de nombreux problèmes disciplinaires dans un système scolaire prussien très strict et autoritaire. Albert Einstein peine à trouver sa place dans une Allemagne nationaliste et déjà en proie à un antisémitisme latent. Lorsque ses parents décident de poursuivre leurs affaires en Italie en 1894, le jeune adolescent y voit l'occasion de rompre avec ce qu'il déteste tant : il abandonne l'école au milieu de l'année scolaire et renonce à sa citoyenneté allemande pour devenir apatride.

Après un premier échec, il obtient finalement son bac en Suisse, où le système scolaire lui laisse davantage de libertés. Albert Einstein intègre alors la prestigieuse École polytechnique de Zurich en 1896. Considéré par les professeurs comme une forte tête, il y brille cependant par son intelligence et sa facilité d'apprentissage. C'est sur les bancs de cette école qu'il rencontre sa future femme, Mileva Maric (1875-1948), une jeune Serbe orthodoxe qui étudie elle aussi la physique.

## LES ANNÉES DE DIFFICULTÉS

En 1900, Albert Einstein termine brillamment ses études de physique, mais sa personnalité entière lui vaut la méfiance des professeurs de l'École polytechnique ; tous les postes d'assistant auxquels il postule lui sont tout bonnement refusés. Le jeune diplômé, qui obtient la nationalité suisse (1901) à cette époque, survit grâce aux cours particuliers qu'il donne.

Les difficultés d'Albert Einstein sont aussi d'ordre personnel en ce début de XX^e siècle. Mileva Maric tombe enceinte alors que le couple n'est pas encore marié. Elle retourne donc accoucher auprès de ses parents, en Serbie. Elle donne naissance à une petite fille, prénommée Lieserl, en 1902, mais la trace de cette dernière se perd peu de temps après. L'existence de cette enfant, mentionnée dans la correspondance de Mileva, n'a été révélée qu'après la mort du physicien et a alimenté les rumeurs les plus folles. Lieserl a-t-elle été donnée à l'adoption ou est-elle décédée peu de temps après sa naissance ? Le mystère du premier enfant du couple Einstein n'a toujours pas été résolu.

En 1904, la situation s'éclaircit enfin, et Einstein obtient un poste d'expert à l'Office des brevets de Bern, grâce à son fidèle ami Marcel Grossmann (mathématicien hongrois, 1878-1936). Cette même année, il épouse Mileva Maric, contre l'avis de ses parents. Deux enfants naîtront de ce mariage : Hans Albert (1904-1973) et Eduard (1910-1965). Le benjamin de la famille Einstein est atteint de schizophrénie et terminera tristement sa vie dans un hôpital psychiatrique.

## 1905, L'ANNÉE MIRACLE

L'année 1905 est celle de l'effervescence intellectuelle et de la reconnaissance pour Albert Einstein. En effet, en l'espace de quelques mois, il rédige pas moins de quatre articles qui seront publiés dans le journal *Annalen der Physik* et au sein desquels figurent la théorie de la relativité restreinte et son étude de l'effet photoélectrique, qui révolutionneront la physique et notre conception du monde.

Ses travaux font mouche dans les grands centres universitaires et lui permettent d'embrasser pleinement une carrière de physicien : il devient docteur à l'université de Zurich en 1906 et est reçu comme un prince aux quatre coins du monde.

## EINSTEIN SUPERSTAR

Un nouveau chapitre s'ouvre pour Albert Einstein, qui devient une pointure scientifique et une célébrité populaire. En 1911, il représente l'Empire austro-hongrois au sommet de la physique mondiale du congrès Solvay qui se tient à Bruxelles, où il côtoie les plus grands physiciens de l'époque.

Albert Einstein (debout, à droite) au sommet de la physique en 1911, photo prise par Benjamin Couprie.

Par la suite, plusieurs universités réputées lui proposent un poste. C'est ainsi qu'il enseigne à l'université allemande de Prague en 1911, avant de prendre sa revanche en devenant professeur à l'École polytechnique de Zurich en 1912. L'année suivante, Albert Einstein retourne dans son pays natal et s'installe à Berlin, où il est nommé directeur de l'institut Kaiser Wilhelm de physique.

Sa carrière et ses nombreux voyages ont raison de son couple, qui se sépare en 1914. Cinq ans plus tard, il se remarie avec sa maîtresse, Elsa Löwenthal (1876-1936), qui n'est autre que sa cousine.

Albert Einstein poursuit ses recherches et complète sa théorie de la relativité restreinte, en énonçant sa théorie de la relativité générale. Son travail sur l'effet photoélectrique est gratifié, en 1921, par la récompense ultime : le prix Nobel de physique.

## LA MONTÉE DU NAZISME ET LA FUITE EN AMÉRIQUE

Après la Première Guerre mondiale (1914-1918), l'antisémitisme prend de l'ampleur en Allemagne, et Albert Einstein est victime une fois de plus de ses origines. Ce rejet a pour effet de rapprocher le scientifique de la communauté juive, qu'il ne connaît pourtant que très peu, et de l'amener à prendre ses premiers engagements politiques en militant pour la création d'une terre juive en Palestine. En 1921, il entreprend une tournée mondiale afin de récolter des fonds pour la création d'une université hébraïque à Jérusalem, dont il devient membre de la direction en 1925.

Avec l'accession au pouvoir du parti nazi d'Adolf Hitler (1889-1945) en 1933, Albert Einstein devient l'une des cibles prioritaires du régime et doit fuir l'Allemagne. Il s'établit d'abord en Belgique, à De Haan, avant de quitter définitivement l'Europe pour les États-Unis, où il enseigne à l'université de Princeton. Terrifié par les événements qui secouent le Vieux Continent, le scientifique rédige une lettre au président Franklin Roosevelt (1882-1945) en 1939, le pressant d'entamer des recherches sur la bombe atomique. Ce courrier aura un impact catastrophique sur l'Histoire puisqu'il mènera aux bombardements d'Hiroshima et de Nagasaki, les 6 et 9 août 1945.

Bombe atomique qui a explosé au-dessus de Nagasaki, le 9 août 1945.

Devenu citoyen américain en 1940, Albert Einstein passe le restant de sa vie à militer en faveur du pacifisme. Malgré son engagement politique, le physicien refuse la présidence du jeune État d'Israël, qui lui est proposée en 1952.

Il meurt le 18 avril 1955 d'une rupture d'anévrisme abdominal et décède à l'hôpital de Princeton. Il est incinéré et ses cendres sont dispersées dans le Delaware (État de la côte Est des États-Unis).

## LE SAVIEZ-VOUS ?

À sa mort, le médecin légiste Thomas Harvey a secrètement prélevé le cerveau d'Einstein pour l'étudier et tenter de percer le mystère de son intelligence exceptionnelle. L'affaire est dévoilée dans la presse une vingtaine d'années plus tard et fait grand bruit. Il faut toutefois encore attendre quelques années avant que Harvey accepte de dévoiler les résultats de son enquête et propose à d'autres scientifiques de poursuivre ses études. Il s'avère, au final, que l'organe ne présente aucune spécificité. L'origine de ce brillant esprit résiderait-elle dans la curiosité de cet homme ?

# LES PLUS GRANDES RECHERCHES ET LES COMBATS D'ALBERT EINSTEIN

## LE PÈRE DE LA PHYSIQUE MODERNE...

Albert Einstein a bouleversé la physique moderne grâce aux théories de la relativité restreinte et générale. Il ouvre ainsi la voie à la physique du XX$^e$ siècle et à un monde vibrant et étonnant.

### La théorie de la relativité restreinte

Durant l'année 1905, Einstein publie quatre articles révolutionnaires dans la revue *Annalen der Physik*. Le plus important de ces travaux porte sur la théorie de la relativité restreinte, qui met notre perception de l'univers à rude épreuve.

Le postulat fondamental de la théorie de la relativité est que les lois de la physique sont les mêmes pour tous les observateurs en mouvement, peu importe leur vitesse de déplacement. Par exemple, si une table de ping-pong est placée dans un train en marche, des observateurs placés dans le train ou restés sur le quai verront des choses bien différentes : la personne sur le quai verra la balle de ping-pong rebondir en parcourant plusieurs dizaines de mètres à une grande vitesse, alors que l'individu debout dans le wagon, à proximité de la table, ne la verra bouger que de quelques centimètres à une vitesse bien moindre. Ces deux observateurs constatent donc deux réalités tout à fait différentes, qui ne peuvent s'expliquer que par la relativité de leur expérience.

Mais Albert Einstein va encore plus loin en révolutionnant les concepts de temps et d'espace absolus ; ce faisant, il remet en question l'idée d'un référentiel unique et identique pour chaque observateur.

Albert Einstein affirme que le temps est intrinsèquement lié à l'espace pour former ce qu'on appelle l'espace-temps, une matrice déformable qui compose l'univers. Cette notion n'est pas facile à saisir, car elle semble aller à l'encontre de nos sens. Il a d'ailleurs fallu quelques années pour que certains physiciens finissent par s'y rallier. Albert Einstein illustre cette théorie avec beaucoup d'humour : « Placez votre main sur un poêle une minute et ça va vous sembler durer une heure. Asseyez-vous auprès d'une jolie fille une heure et ça vous semble durer une minute. C'est la relativité. »

C'est dans le cadre de sa théorie sur la relativité restreinte qu'est énoncée la célèbre équation : $E = mc^2$, dans laquelle E symbolise l'énergie, m la masse et c la vitesse de la lumière, soit $3,00 \times 10^8$ mètres/seconde. Il prouve ainsi qu'en « cassant » un atome, on obtient bien plus d'énergie. Cette équation est notamment utilisée pour calculer la quantité d'énergie produite si on convertit un morceau de matière en rayonnement électromagnétique. Elle a donc été utilisée pour développer la fission nucléaire, qui a abouti à la création de la bombe atomique. En raison de la grande vitesse de la lumière, l'effet de la masse convertie en énergie est immense : la bombe qui a détruit Hiroshima ne pesait en réalité que quelques dizaines de grammes et a pourtant causé la mort de plus de 100 000 personnes. Mais ce n'est pas tout, elle a notamment permis la création de PET scans dans lesquels la radioactivité est utilisée pour fournir une image de l'intérieur du corps.

## La théorie de la relativité générale

En 1915, près de dix ans après l'énonciation de sa théorie de la relativité restreinte, Albert Einstein la complète, en y intégrant la notion de gravité. La gravité selon le physicien germano-suisse diffère largement de l'explication donnée par Newton. En effet, pour ce dernier, c'est la force de gravitation qui attire les corps entre eux et qui fait chuter les pommes. Mais cette affirmation ne permet pas d'expliquer la manière dont cette force agit pour attirer les corps l'un vers l'autre. Newton imagine en outre que les deux corps se déplacent dans le vide, et se trouve dès lors incapable de résoudre la nature de l'espace.

En 1865, la théorie de l'électromagnétisme de James Clerk Maxwell (physicien écossais, 1831-1879) vient apporter quelques éléments de réponse aux nombreuses interrogations laissées par la conception newtonienne. Le physicien écossais émet l'hypothèse que la propagation de la lumière, qui se fait à une vitesse constante, est possible grâce à des ondes électriques et magnétiques qui constituent le champ électromagnétique. James Clerk Maxwell découvre l'existence de ce champ et imagine qu'une substance fluide immatérielle, appelée éther, remplit l'espace et constitue le support obligatoire à la propagation des ondes électromagnétiques.

Fasciné depuis son enfance par l'électricité, Albert Einstein s'intéresse très vite à la théorie du champ électromagnétique telle qu'énoncée par James Clerk Maxwell. Il est persuadé qu'il existe également un champ gravitationnel et, après plusieurs années de recherches, le physicien émet l'hypothèse que le champ gravitationnel n'est pas répandu dans l'espace, mais qu'il constitue lui-même celui-ci. En d'autres mots, Albert Einstein synthétise l'espace newtonien, dans lequel les corps se déplacent, et le champ constitué d'ondes de James Clerk Maxwell.

Cette découverte est importante car elle révolutionne la vision du monde et de l'espace, mais aussi car elle permet d'expliquer assez simplement nombre de phénomènes naturels encore mystérieux. En effet, l'espace-temps, selon Albert Einstein, est une composante matérielle qui est flexible : il peut onduler, se dilater, se tordre. Cette idée permet de comprendre, par exemple, la raison pour laquelle la Terre est attirée vers le Soleil : cet astre énorme courbe l'espace, et notre planète suit simplement l'inclinaison, comme une bille le ferait dans un entonnoir. Cette courbure permet d'expliquer la raison pour laquelle les planètes tournent autour d'une étoile.

**La structure de l'espace et le mouvement de la Terre autour du soleil**

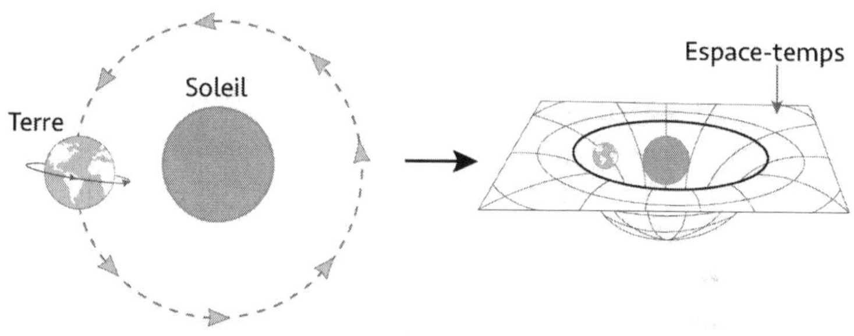




## La nature ondulatoire et corpusculaire de la lumière

Bien que la théorie sur la nature corpusculaire de la lumière d'Albert Einstein soit moins connue que ses travaux sur la relativité restreinte et générale, elle lui permet toutefois de décrocher la récompense ultime pour un scientifique, à savoir le prix Nobel de physique en 1921.

En 1905, Albert Einstein s'intéresse à un débat qui divise la communauté scientifique depuis plusieurs décennies : quelle est la nature de la lumière ? Est-elle composée d'ondes ou de particules ? Les deux camps se basent sur les recherches de deux grands scientifiques du XVIIᵉ siècle, le Néerlandais Christiaan Huygens (1629-1695) et l'Anglais Isaac Newton. Le premier propose une théorie ondulatoire de la lumière, tandis que pour le second la lumière a une nature corpusculaire, c'est-à-dire qu'elle serait composée de petites particules. Les limites de la recherche de Christiaan Huygens ainsi que le grand prestige dont jouit Isaac Newton vont imposer cette seconde théorie, qui n'est pas remise en question durant deux siècles.

Au XIXᵉ siècle pourtant, plusieurs physiciens, dont le Français Augustin Fresnel (1788-1827), fondateur de l'optique moderne, et le Britannique Thomas Young (1773-1829), se penchent à nouveau sur la question. Leurs expériences prouvent que la lumière, lorsqu'elle est diffractée, forme un motif d'interférence comparable aux ondes de l'eau. En d'autres termes, ces deux scientifiques rejoignent la théorie ondulatoire de Christiaan Huygens. En 1850, le physicien Léon Foucault (1819-1868) parvient même à calculer la vitesse de propagation des ondes qui composent la lumière. La théorie de la nature ondulatoire de la lumière reprend alors le dessus, du moins jusqu'à l'arrivée d'Albert Einstein.

En 1905, ce dernier surprend les scientifiques en affirmant que ni Christiaan Huygens ni Isaac Newton n'avaient réellement tort. En effet, Albert Einstein explique que la lumière a une nature double : à la fois ondulatoire et composée de petits grains d'énergie lumineux, qu'il nomme quanta lumineux, mais qui sont aujourd'hui plus connus sous le nom de photons. Le physicien met également en relation la fréquence v (la lettre « nu » de l'alphabet grec) de la lumière avec l'énergie E des photons grâce à la relation de Planck (h), équivalant à 6,626 x 10$^{-34}$ joule/seconde. Cette relation est connue sous le nom de Planck-Einstein :

$$E = h \cdot v$$

Cette dualité ondulatoire-corpusculaire de la lumière est aujourd'hui largement reconnue par les scientifiques du monde entier.

## ...MAIS AUSSI UN HOMME ENGAGÉ

Au XVI$^e$ siècle déjà, l'humaniste français François Rabelais (1483-1553) écrit que « science sans conscience n'est que ruine de l'âme ». Cette belle formule, plus que jamais d'actualité, résume finalement bien le parcours d'Albert Einstein. En effet, le physicien ne s'est pas contenté d'observer et de conceptualiser les phénomènes physiques, il a également suivi de près les problèmes politiques de son temps et s'est engagé pour plusieurs causes qui lui tenaient à cœur.

### Einstein et l'Allemagne

Il faut dire que l'identité et l'histoire personnelle d'Albert Einstein rejoignent les grandes problématiques du XX$^e$ siècle. Allemand et juif laïque, le jeune Albert souffre du rejet dès son plus jeune âge dans une société en proie au nationalisme. À l'âge de 16 ans, il renoncera d'ailleurs à sa citoyenneté allemande en raison de son désaccord avec la politique menée par son pays. Il reste malgré tout attaché à sa patrie d'origine et son poste de directeur de l'institut Kaiser Wilhelm de physique à Berlin est l'occasion pour lui de prendre une revanche personnelle.

Lorsque la Première Guerre mondiale éclate, Albert Einstein constate avec horreur que le nationalisme et la haine ne sont pas l'apanage du peuple, mais que nombre de ses collègues et élèves s'engouffrent dans cette hystérie collective. Ainsi, lorsque l'Allemagne envahit la Belgique, pourtant neutre, et commet de nombreuses exactions critiquées, 93 intellectuels allemands prennent la plume pour signer un manifeste dans lequel ils apportent leur soutien au kaiser Guillaume II (1859-1941). Albert Einstein, pacifiste convaincu, refuse catégoriquement de signer ce manifeste ; son geste est perçu comme une trahison pour bon nombre d'Allemands.

Après la guerre, il fait partie de la ligue allemande des droits de l'Homme et œuvre au rapprochement entre la France et l'Allemagne. Mais la montée du nazisme rompt brutalement les pourparlers. Lorsqu'Adolf Hitler arrive au pouvoir, Einstein est persécuté, ses travaux qualifiés de « physique juive », et d'éminents scientifiques demandent à ce que ses théories disparaissent des livres de physique. Le contexte est tel qu'il est contraint de fuir son pays.

Albert Einstein ne pardonnera jamais l'Holocauste et l'extermination des six millions de Juifs à l'Allemagne, et ne voudra plus être associé à ce pays jusqu'à la fin de ses jours. Mais il reste pétri de culture allemande : il ne maîtrisera jamais parfaitement la langue de Shakespeare et ne se fera jamais vraiment à la culture anglo-saxonne.

## Un sioniste raisonné

Le nationalisme et le goût amer laissé par la défaite de 1918 amènent l'Allemagne à chercher dans le peuple juif un bouc émissaire. Au même moment, on assiste à l'arrivée massive de Juifs venus d'Europe de l'Est, chassés par les pogroms. Ceux-ci sont très mal reçus aussi bien par les Allemands que par certaines autres nations. Face à cette situation, Albert Einstein considère qu'il est essentiel que les Juifs disposent d'une terre d'accueil et s'engage pleinement dans ce projet. À cet égard, il prend une part active dans la fondation de l'université hébraïque de Jérusalem, en effectuant des collectes de fonds aux États-Unis.

Toutefois, Albert Einstein n'est nullement un extrémiste sioniste, qui considérerait que la terre d'Israël appartient aux Juifs au détriment des Palestiniens. Il insiste d'ailleurs fortement sur la nécessité d'ouvrir un dialogue entre les deux communautés pour trouver une solution afin qu'elles puissent vivre en harmonie. Il se positionne donc pour qu'il existe une terre d'accueil juive, en association avec les Palestiniens, mais nullement pour qu'un État juif soit créé.

## EINSTEIN, PRÉSIDENT DU JEUNE ÉTAT ISRAÉLIEN ?

Lorsque le premier président israélien Chaïm Weizmann décède en 1952, le poste est proposé à Albert Einstein qui préfère décliner, arguant de sa naïveté en politique. Le scientifique dira à ce propos : « Les équations sont pour moi plus importantes que la politique, car la politique s'occupe du présent ; et une équation, de l'éternité. » (HAWKING (Stephen), *Une belle histoire du temps*, Paris, Flammarion, 2005, p. 235)

## La bombe atomique

On considère souvent, à tort, qu'Albert Einstein est le père de la bombe atomique. S'il a effectivement joué un rôle dans l'émergence de cette arme de destruction massive, il n'en est pas le créateur.

Avec l'arrivée d'Adolf Hitler au pouvoir, de nombreux scientifiques européens sont contraints de fuir le Vieux Continent pour trouver refuge aux États-Unis. Cette communauté, traumatisée par les horreurs nazies, craint que l'Allemagne ne développe une arme de destruction massive, la bombe atomique. Deux physiciens, Albert Einstein et Leo Szilard (1898-1964), rédigent alors une lettre pressant le président Franklin Roosevelt à devancer les nazis et à entreprendre des recherches sur la fission nucléaire. C'est ainsi que le projet « Manhattan », alors classé secret défense, voit le jour en 1942. Albert Einstein n'y prend pas part, mais sa formule $E = mc^2$ est largement utilisée pour transformer une masse en énergie. Les chercheurs américains aboutissent assez rapidement à la confection d'une bombe atomique. Elle sera lancée sur Hiroshima et Nagasaki, et mettra fin à la Seconde Guerre mondiale.

Albert Einstein ne se pardonnera jamais d'avoir accouché d'un tel monstre et passera le restant de sa vie à militer pour que soit mis en place un organe international visant à contrôler l'énergie atomique. Un traité multilatéral sur la non-prolifération des armes nucléaires sera ratifié par 189 pays en 1968 et entrera en vigueur en 1970, mais Einstein ne le saura jamais.

## DE NOUVELLES PERSPECTIVES POUR LA PHYSIQUE

La plus grande répercussion des travaux d'Albert Einstein est bien entendu le développement d'une physique tellement moderne que certaines de ses hypothèses viennent à peine d'être confirmées. Plusieurs théories, comme l'existence de trous noirs ou la création de l'univers par le Big Bang, ont paru tellement farfelues aux scientifiques de l'époque qu'elles n'ont pas été prises au sérieux au moment de leur découverte. Ce n'est qu'avec le développement de nouvelles techniques scientifiques qu'elles ont pu être testées et prouvées, passant ainsi du champ de la science-fiction à celui de la réalité scientifique.

Albert Einstein a, par exemple, affirmé de son vivant l'existence de trous noirs et a mis au point une théorie que beaucoup considéraient presque comme relevant de l'ésotérisme. Selon lui, lorsqu'une étoile s'éteint, ce qui reste d'elle n'est plus soutenu par la chaleur, ce qui a pour conséquence de faire s'effondrer l'astre sous son propre poids, jusqu'à courber l'espace et y creuser un trou. Il faut attendre 1971 pour qu'un satellite américain de la NASA capte le rayon x cygnus x-1, et prouve ainsi la véracité de l'existence des trous noirs.

De la même façon, les équations d'Albert Einstein l'ont amené à affirmer que l'univers est en expansion et que seule une explosion a pu lui donner cette impulsion : c'est le début de la théorie du Big Bang qui est théorisée par le Belge Georges Lemaître en 1931.

Mais ce n'est pas tout ! Le 14 septembre 2015, des scientifiques américains sont parvenus à prouver l'existence des ondes gravi-tationnelles, prédite un demi-siècle plus tôt par la théorie de la gravité générale d'Albert Einstein. En effet, ce dernier affirmait que l'univers était composé d'une matrice, l'espace-temps, qui pouvait se déformer et créer ainsi des vibrations, appelées ondes gravitationnelles. Ces ondes théorisées en 1916 n'avaient jamais été directement détectées avant que ce 14 septembre 2015, deux interféromètres (des appareils qui mesurent les distances à l'aide d'interférences lumineuses) situés aux deux extrémités des États-Unis n'en captent enfin l'existence à la suite de la collision de deux trous noirs situés à des années-lumière de la Terre. Pour ce faire, il a fallu travailler durant plusieurs décennies afin de développer des capteurs assez performants pour intercepter les ondes gravitationnelles, qui peuvent se confondre avec certains mouvements sismiques de notre planète. Cette découverte exceptionnelle prouve une fois de plus la véracité des théories d'Albert Einstein et ouvre de nouvelles perspectives aux astrophysiciens. En effet, jusqu'à présent, les astronomes n'utilisaient que la lumière, dont ils exploitaient les longueurs d'onde du spectre, pour appréhender les différents phénomènes de l'univers. Grâce aux ondes gravitationnelles, il sera possible, dans un futur proche, d'explorer des phénomènes inaccessibles à la lumière, comme le cœur d'une étoile massive en fin de vie par exemple. Nul doute que les ondes gravitationnelles n'ont pas fini de faire parler d'elles...

## UN PHYSICIEN ENCORE OMNIPRÉSENT

Albert Einstein est aujourd'hui encore omniprésent dans le domaine scientifique. Il existe, par exemple, une unité de mesure, nommée Einstein, visant à désigner l'énergie d'une mole de photons, ces particules dont le physicien a postulé l'existence en 1905. De même, il a légué son nom à un élément chimique du tableau périodique, à savoir l'einsteinium, un métal blanc radioactif. Enfin, chaque année, le 14 mars, jour de la naissance d'Albert Einstein, les scientifiques du monde entier célèbrent la journée du nombre $\pi$. Bien qu'il n'y ait aucun lien entre ce nombre et les travaux d'Albert Einstein, le choix de la date d'anniversaire du physicien montre son importance pour la communauté scientifique.

# EN RÉSUMÉ

- Albert Einstein est né en 1879, à Ulm, de parents d'origine juive. Très jeune déjà, il se rebelle contre le nationalisme et l'antisémitisme de son pays natal. N'acceptant pas les mesures prises par l'Allemagne, il décide, à 16 ans, de renoncer à sa nationalité et devient apatride. Après avoir mené des études en Suisse, il prend la nationalité suisse en 1901, avant de devenir américain en 1940.
- En 1896, il étudie la physique à l'École polytechnique de Zurich, où il rencontre sa future femme, Mileva Maric. Ils se marient en 1904 et ont trois enfants, dont une petite fille qui disparaît mystérieusement en Serbie.
- 1905 est l'année de tous les miracles pour Albert Einstein : il rédige plusieurs articles dans la revue *Annalen der Physik*, qui présentent des théories extrêmement novatrices. La théorie de la relativité restreinte dynamite l'idée d'un référentiel unique pour l'espace et le temps. C'est au cours de ses recherches sur le sujet qu'il met au point sa célèbre équation $E = mc^2$.
- Ces articles lui apportent la reconnaissance de ses pairs. Il voyage aux quatre coins du monde et enseigne successivement à l'université allemande de Prague, à Zurich puis à Berlin.
- En 1915, Albert Einstein complète sa théorie de la relativité restreinte avec la théorie générale, en y intégrant la gravité. Il fusionne en quelque sorte la théorie de la relativité d'Isaac Newton et celle de l'électromagnétisme de James Clerk Maxwell : l'univers et le champ électromagnétique ne font qu'un, et ce dernier peut se dilater et se déformer, avec un impact semblable sur l'espace-temps.
- Albert Einstein, d'origine juive bien que non pratiquant, s'investit dans la création de l'université hébraïque de Jérusalem, qui voit le jour en 1918. Le scientifique milite également pour la création

d'une terre d'Israël, mais met en garde contre les dérives d'un État qui se construirait au détriment du peuple palestinien. Il refuse, par ailleurs, la présidence du jeune État, en 1952.

- En 1921, il reçoit la récompense suprême, le prix Nobel de physique pour son travail sur l'effet photoélectrique, moins subversif que la théorie de la relativité.
- En 1933, le scientifique quitte l'Europe à cause de la menace nazie et s'installe en Belgique, puis à Princeton, aux États-Unis. Traumatisé par les événements qui secouent le Vieux Continent, il rédige un courrier à l'attention du président Franklin Roosevelt afin de le presser à développer la fission nucléaire. Le projet « Manhattan » voit le jour peu de temps après et aboutira au bombardement de Hiroshima et de Nagasaki, en 1945.
- Albert Einstein décède en 1955 à Princeton.

Votre avis nous intéresse !

Laissez un commentaire sur le site de votre librairie en ligne
et partagez vos coups de cœur sur les réseaux sociaux !

# POUR ALLER PLUS LOIN

## SOURCES BIBLIOGRAPHIQUES


- GALISON (Peter), *L'empire du temps. Les horloges d'Einstein et les cartes de Poincaré*, Paris, Folio essais, 2005.
- HAWKING (Stephen), *Une belle histoire du temps*, Paris, Flammarion, 2005.
- LACAYO (Richard), *Albert Einstein: the Enduring Legacy of a Modern Genius*, New York, Time to explore, 2011.
- « L'extraordinaire saga du cerveau d'Einstein », in *Le Soir mag*, consulté le 5 avril 2016. http://www.lesoir.be/1060561/article/soirmag/soirmag-histoire/2015-12-03/l-extraordinaire-saga-du-cerveau-d-einstein
- MAIER (Corinne) et SIMON (Anne), *Einstein*, Paris, Dargaud, 2015.
- ROVELLI (Carlo), *Sept brèves leçons de physique*, Paris, Odile Jacob, 2015.


## SOURCES COMPLÉMENTAIRES


- BALIBAR (Françoise) (éd.), *Albert Einstein : physique, philosophie, politique*, Paris, Seuil, 2002.
- EINSTEIN (Albert) et INFELD (Leopold), *L'évolution des idées en physique*, Paris, Flammarion, 1993.
- EINSTEIN (Albert), *Comment je vois le monde*, Paris, Flammarion, 2009.
- KLEIN (Étienne), *Il était sept fois la révolution : Albert Einstein et les autres*, Paris, Flammarion, 2008.

## SOURCES ICONOGRAPHIQUES

- Einstein photographié alors qu'il donnait un cours à Vienne en 1921. La photo reproduite est réputée libre de droits.
- Albert Einstein au sommet de la physique en 1911, photo prise par Benjamin Couprie. La photo reproduite est réputée libre de droits.
- Bombe atomique qui a explosé au-dessus de Nagasaki, le 9 août 1945. La photo reproduite est réputée libre de droits.

## DOCUMENTAIRE

- *Albert Einstein. Portrait d'un rebelle*, documentaire de Sylvia Strasser et Wolfgang Würker, Allemagne, 2015.

Éditeur responsable : Lemaitre Publishing
Avenue de la Couronne 382 | BE-1050 Bruxelles
info@lemaitre-editions.com

ISBN ebook : 978-2-8062-7812-8
ISBN papier : 978-2-8062-7813-5
Dépôt légal : D/2016/12603/146
Photo de couverture : © Library of Congress.

Conception numérique : Primento,
le partenaire numérique des éditeurs

Made in the USA
Monee, IL
07 July 2026

56545989R00022